D1751483

Ari Goldmann
Stehende Wellen

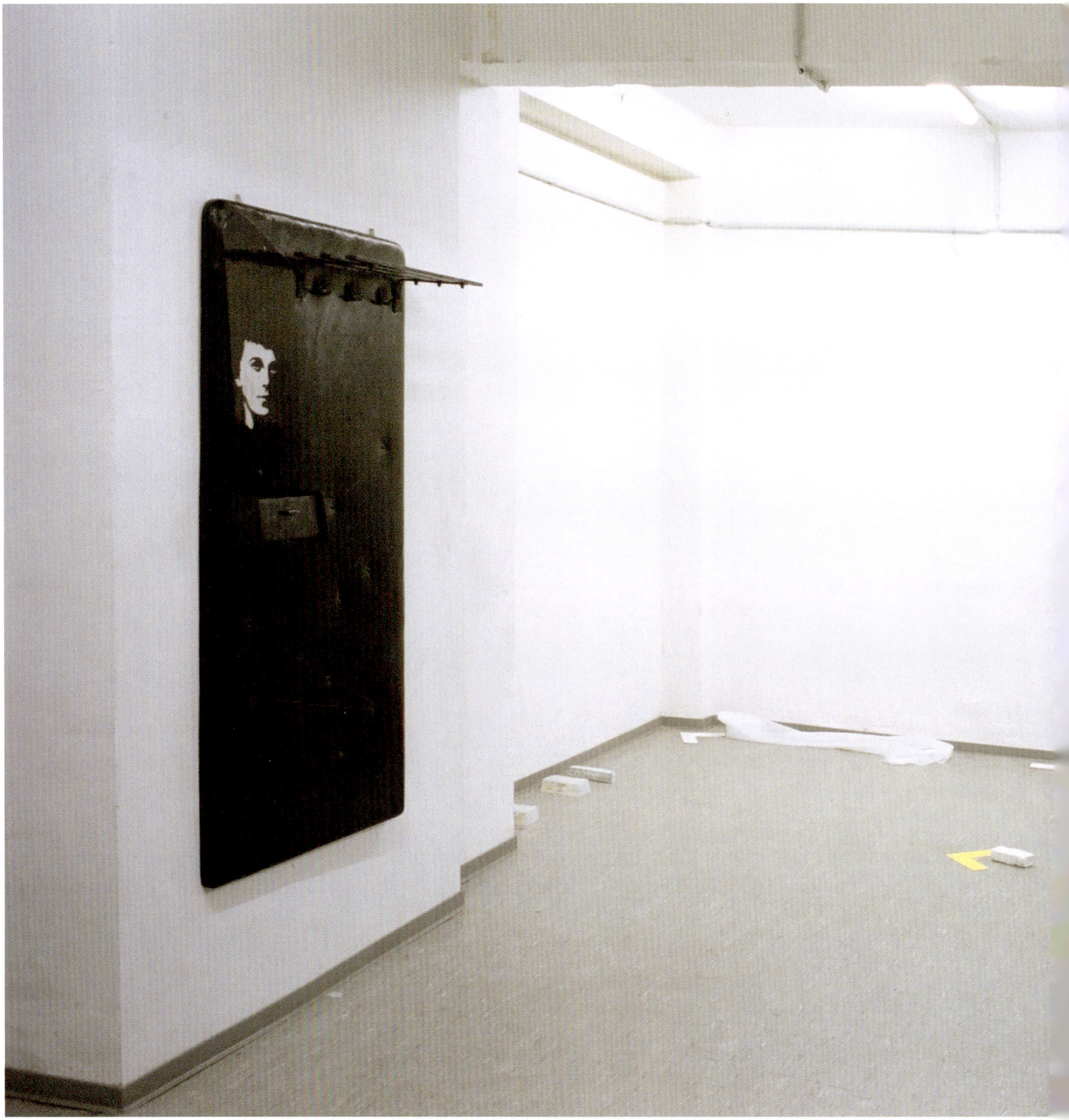

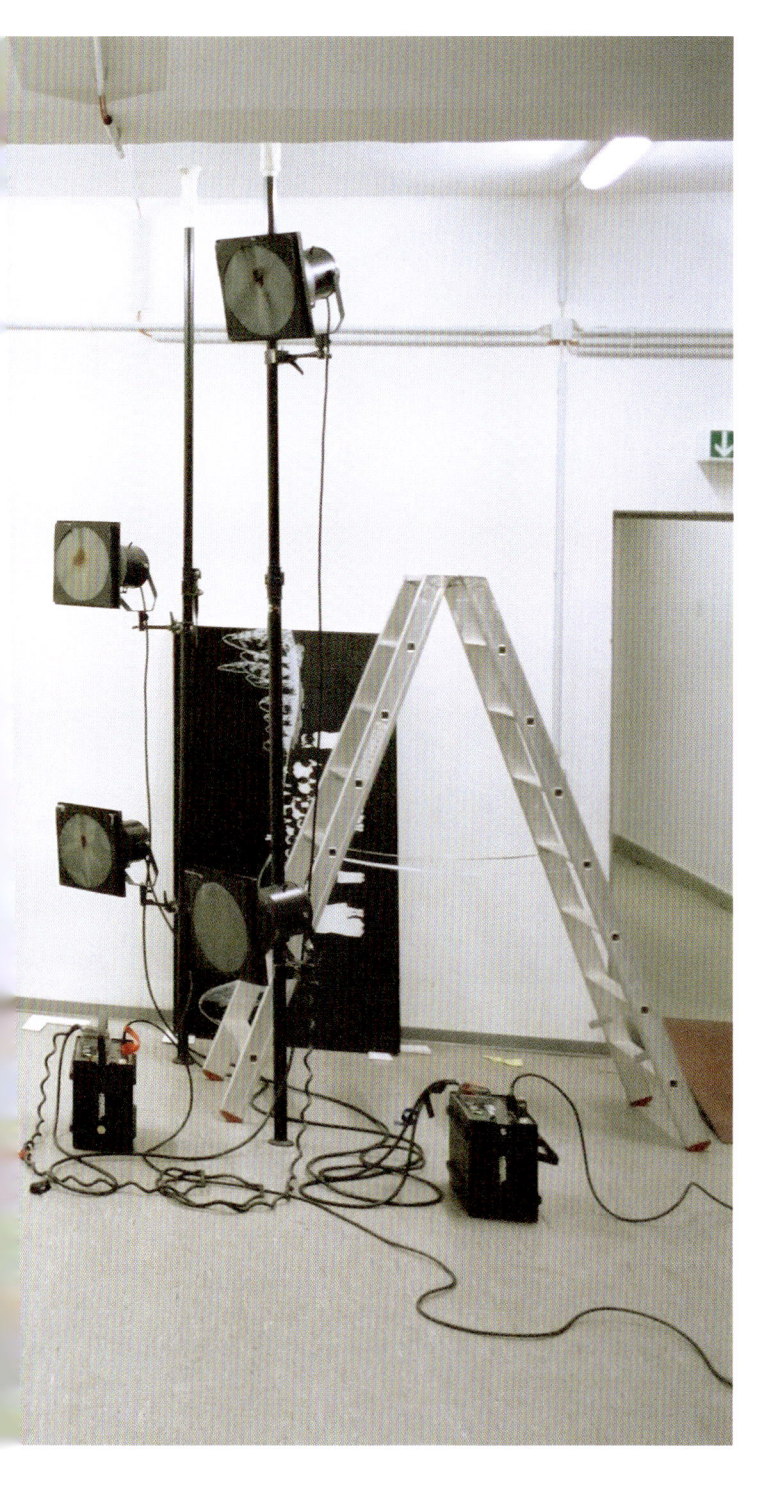

Ari Goldmann

Stehende Wellen

Verlag Stadt Villingen-Schwenningen

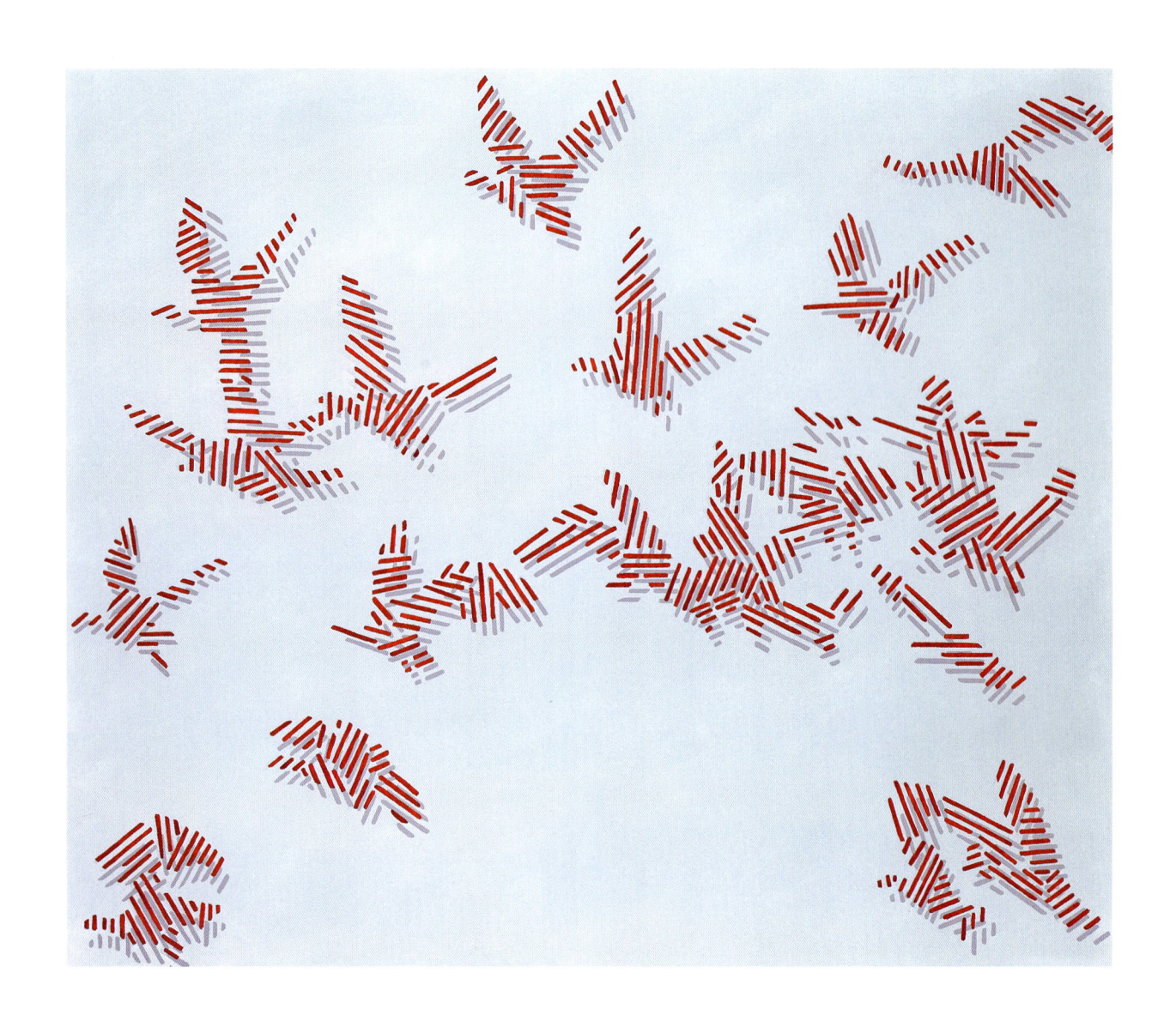

Wie im Flug, mit Schatten, 2010
Öl auf Leinwand, 100 x 120 cm

»Ich mag es, ein Bild zu machen,
das so einfach ist, dass man ihm nicht
ausweichen kann, und so kompliziert,
dass man es nicht verstehen kann.«

Alex Katz

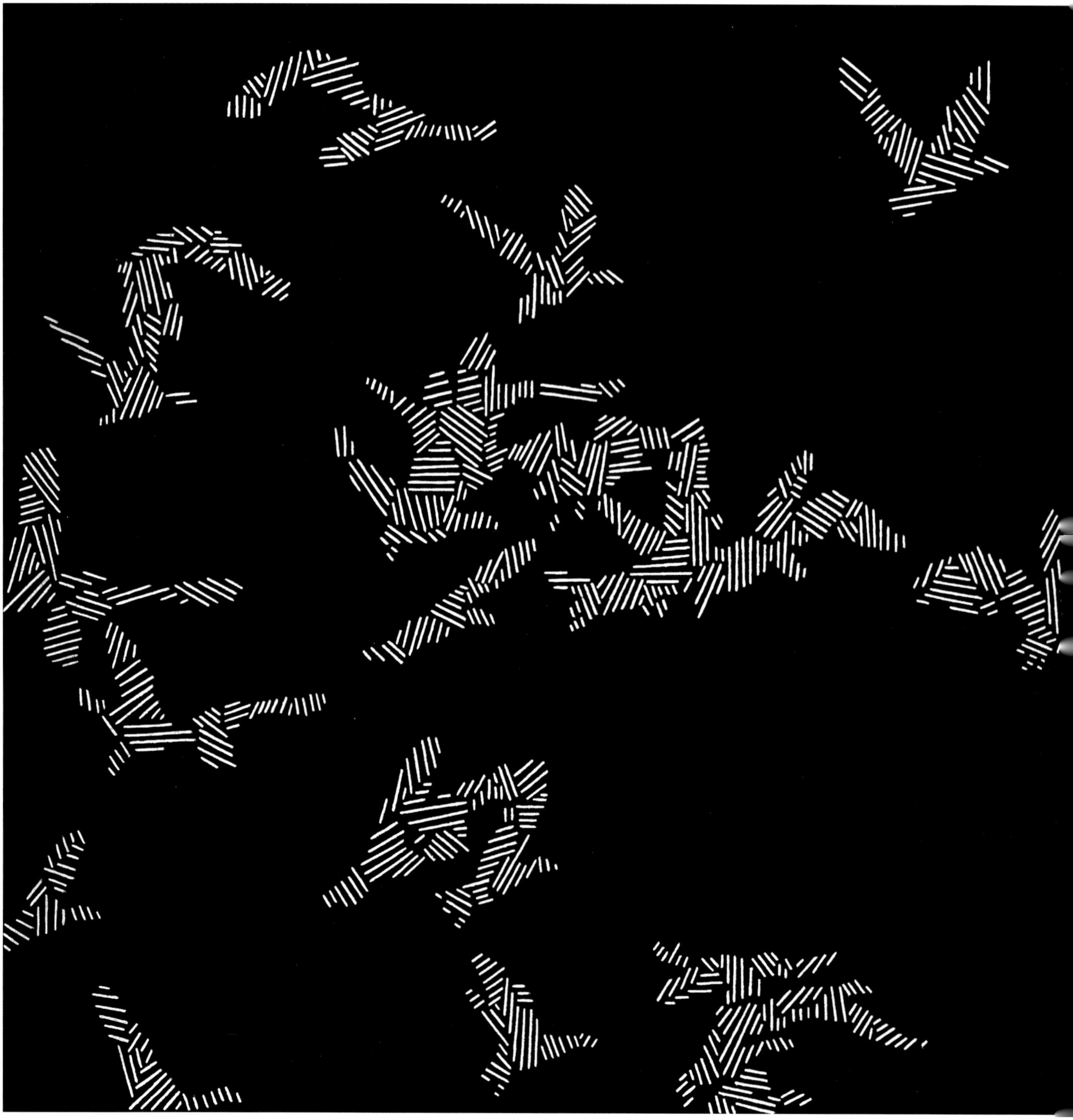

Wie im Flug, 2008
Öl auf Leinwand,
110 x 160 cm

Fahnenschwenker, 2008
Öl, Lack auf Leinwand, 170 x 170 cm

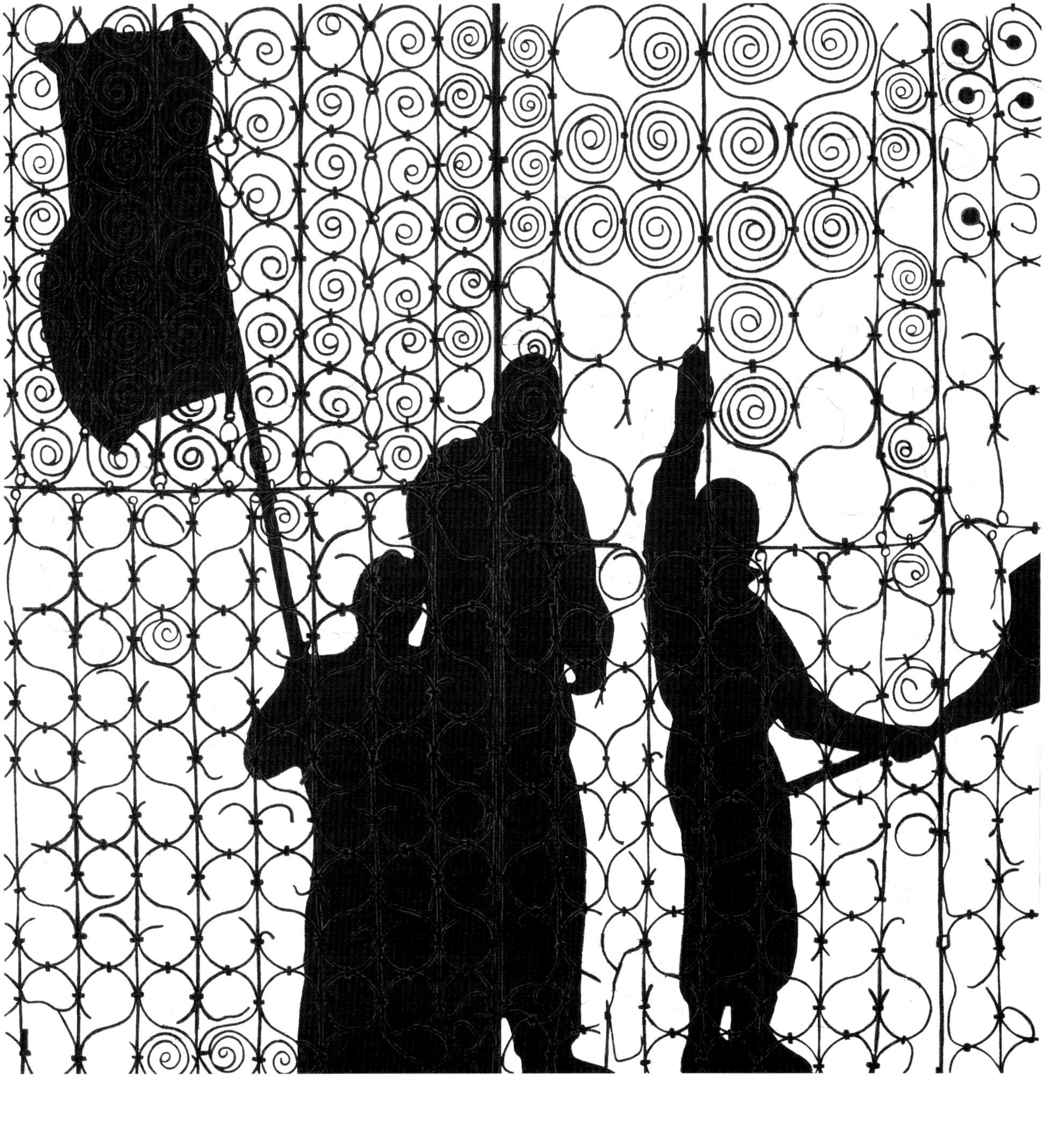

Proteste entschwinden, 2009
Öl auf Leinwand, 100 x 100 cm

Fahnenschwenker vor dem Tor, 2009
Öl auf Leinwand, 100 x 100 cm

Straßenunruhen, 2010
Öl auf Leinwand, 80 x 100 cm

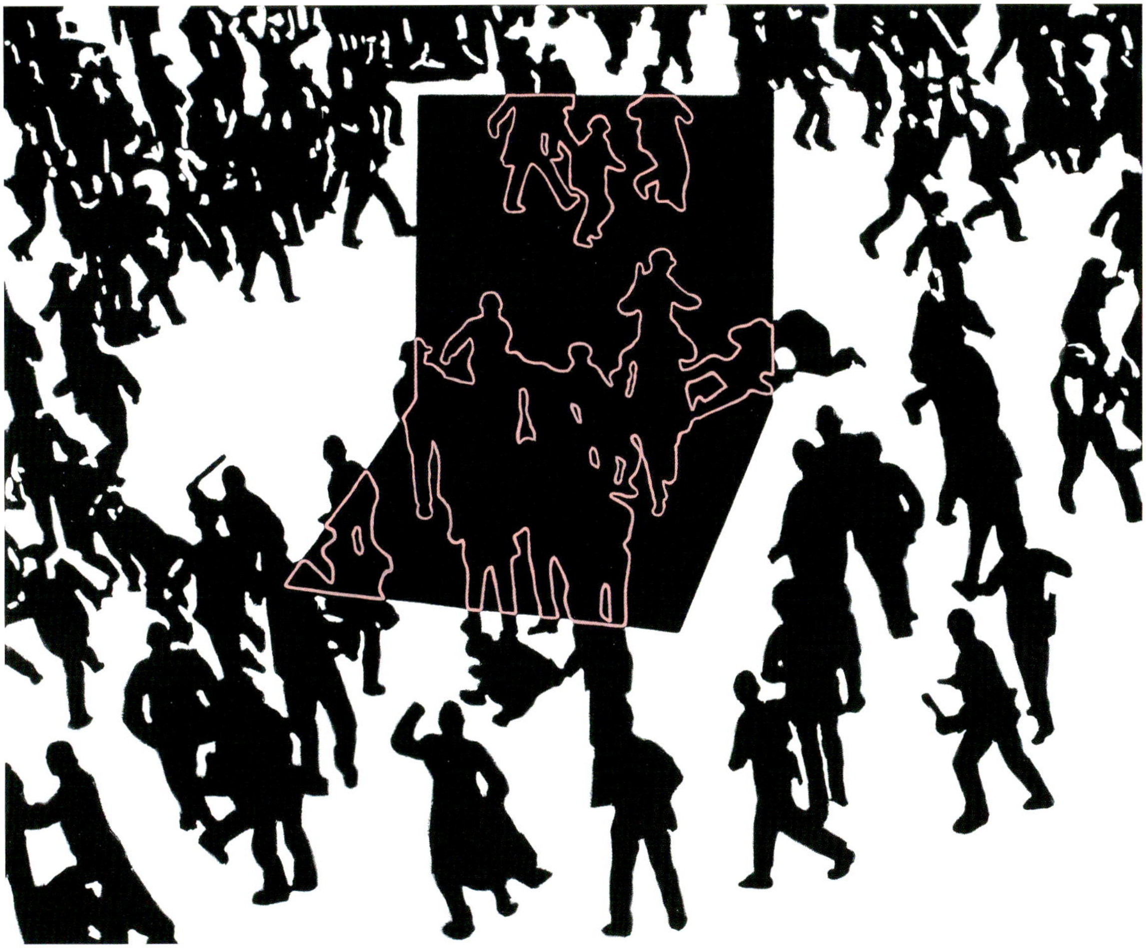

Die Nacht gehört den Jägern, 2010
Öl, Lack auf Leinwand, 80 x 100 cm

15

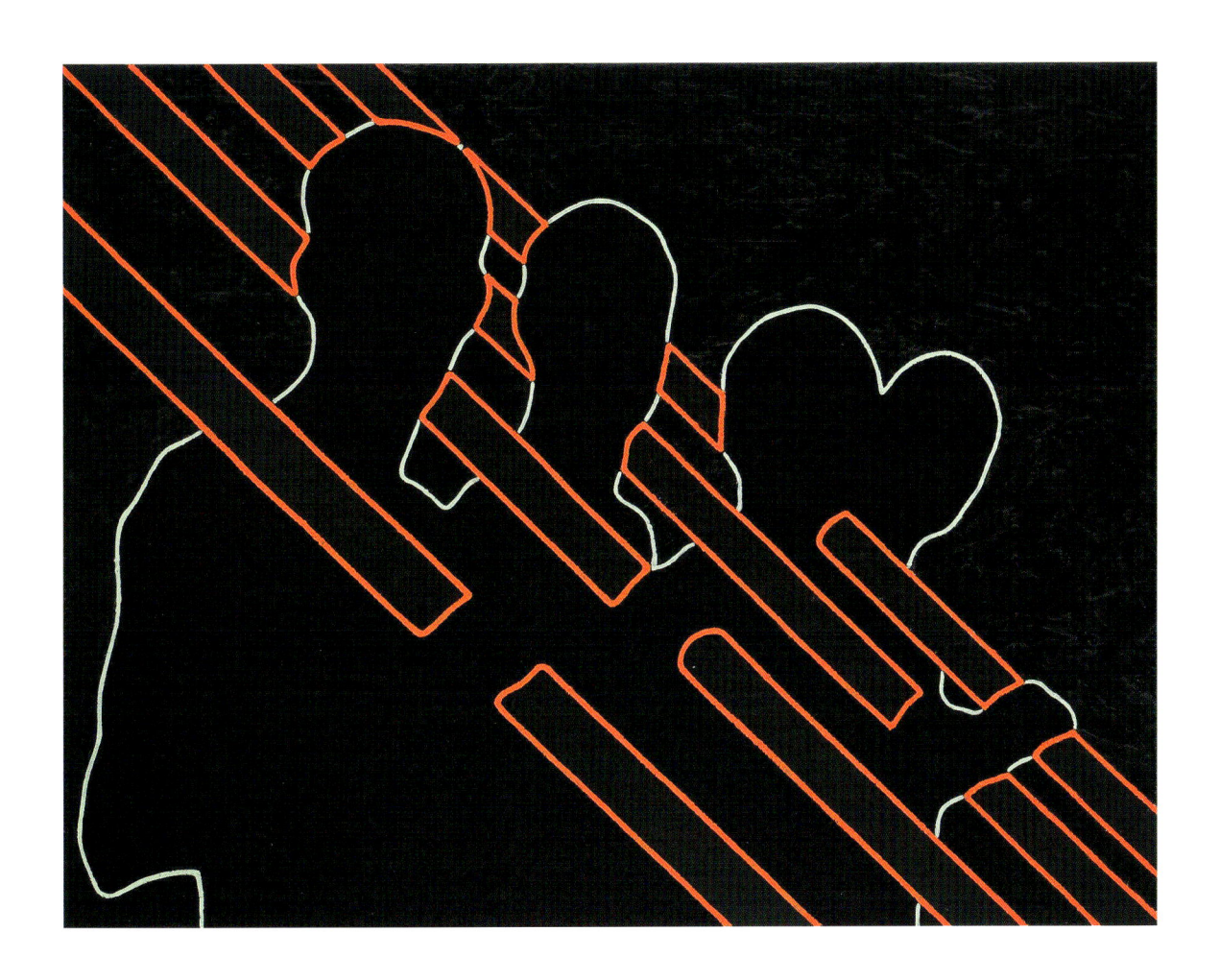

Mutter mit Kind, 2010
Öl auf Leinwand, 100 x 100 cm

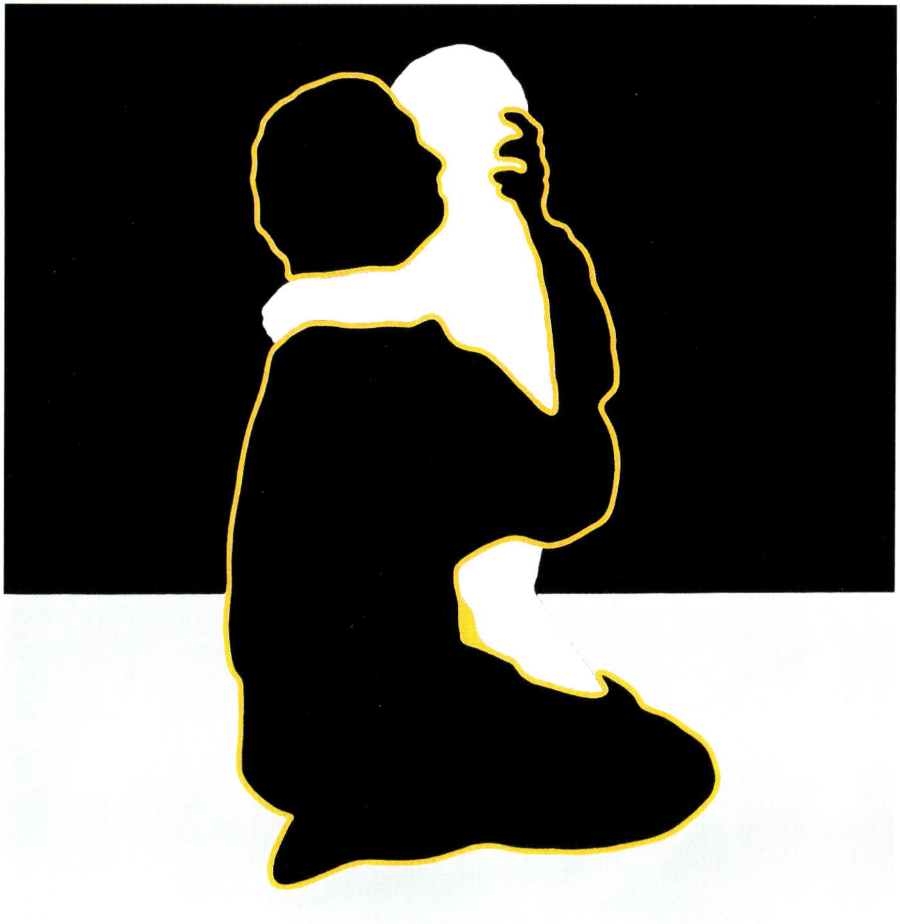

Professoren, 2010
Öl auf Leinwand, 130 x 130 cm

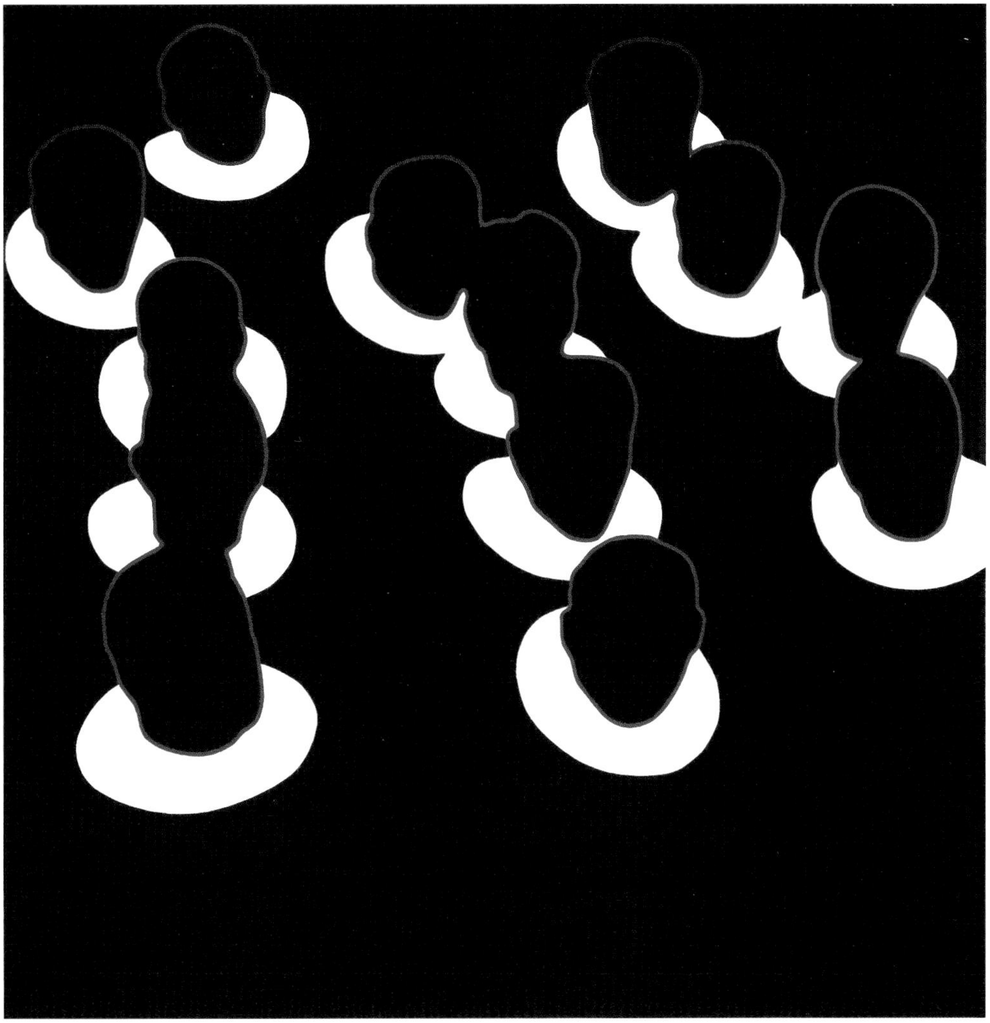

Blumenschwenker, 2009
Öl auf Papier auf Holz, 40 x 40 cm

Dolce del Papa, 2009
Öl, Lack auf Leinwand, 160 x 150 cm

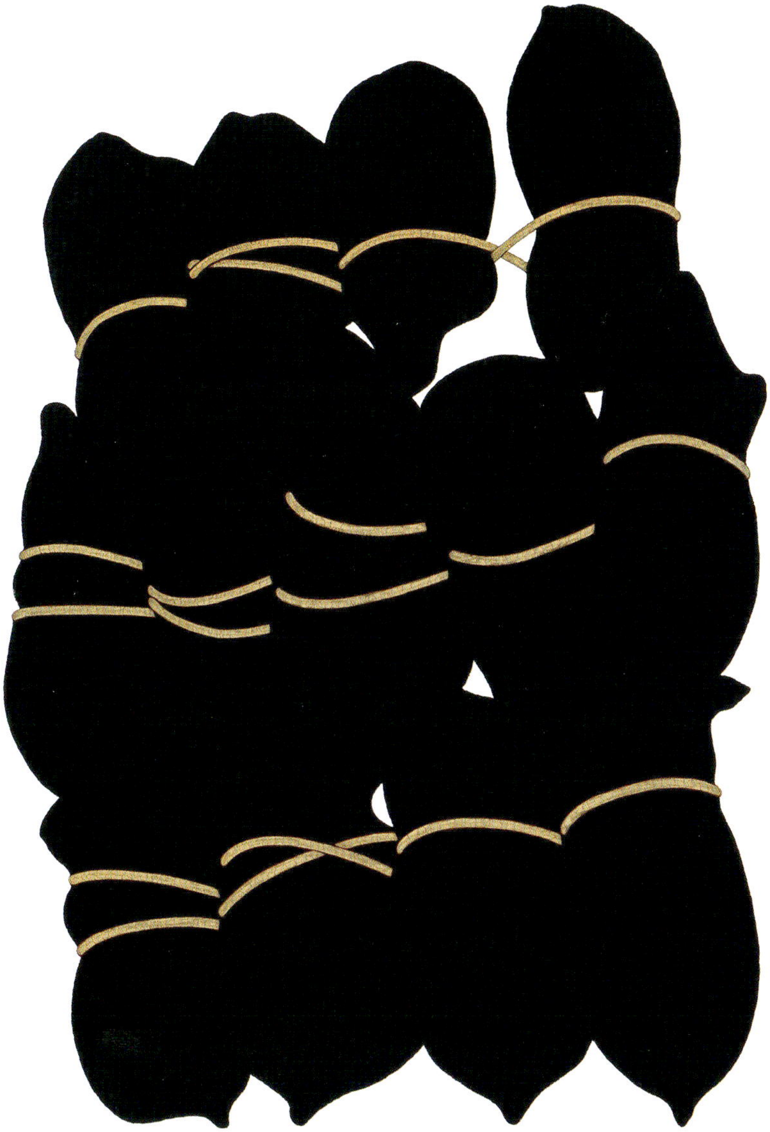

Banner, 2005
Öl auf Banner,
110 x 70 cm

Wahrheit, 2008
Öl, Lack auf Leinwand, 80 x 100 cm

Klasse, 2009
Öl auf Leinwand, 80 x 100 cm

25

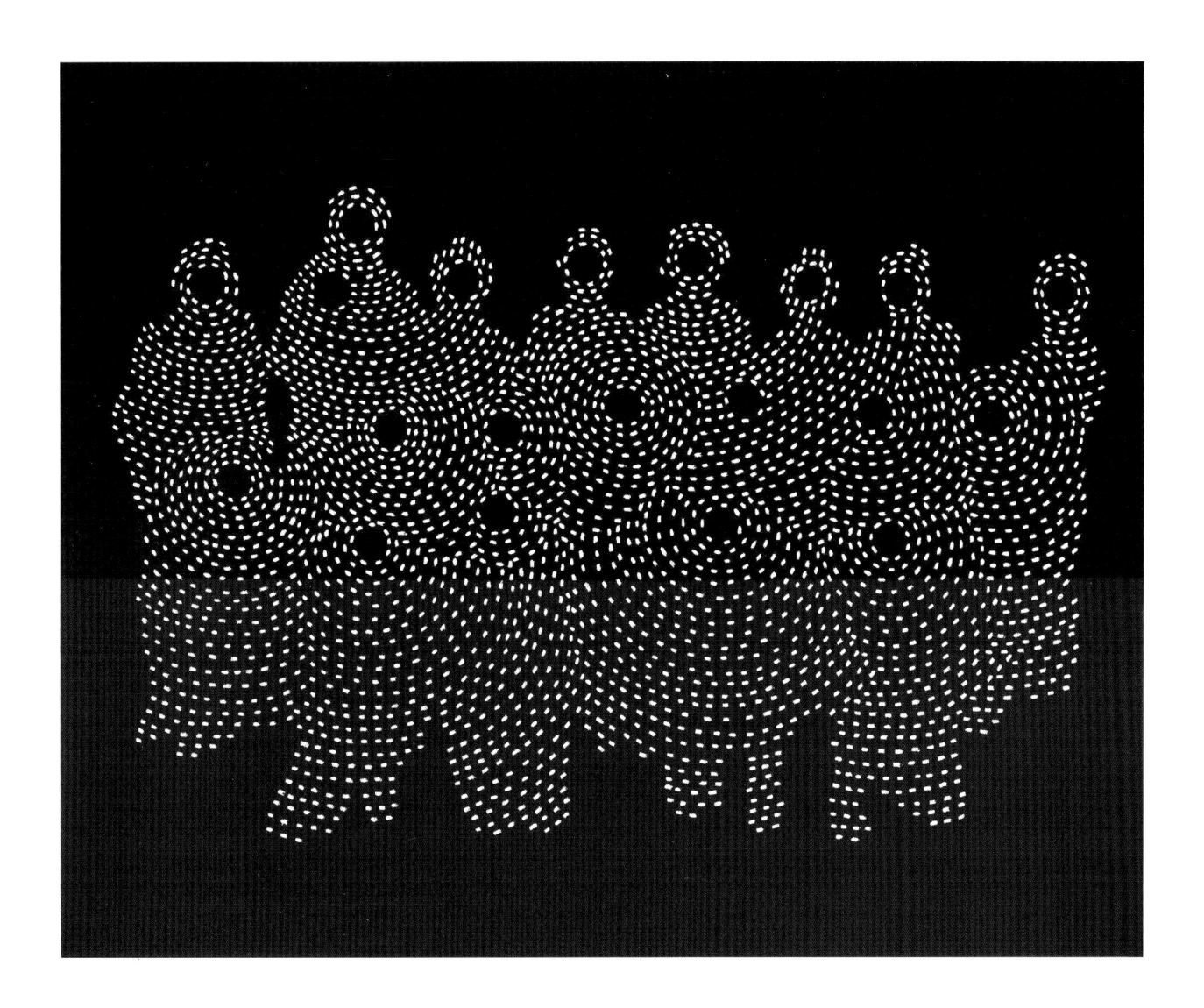

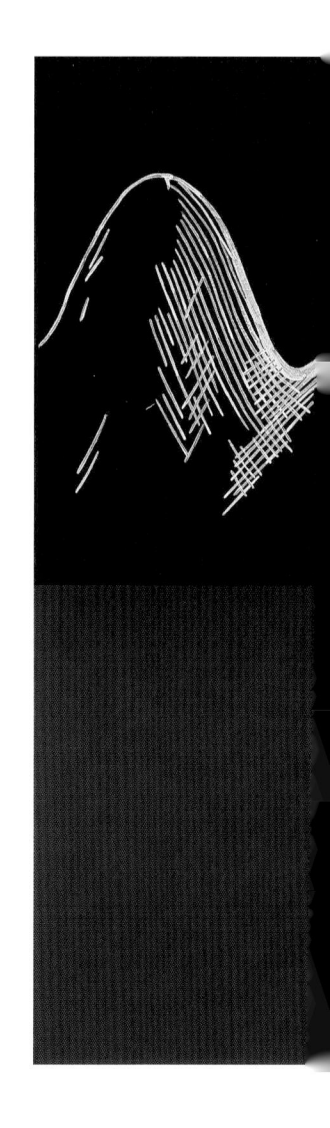

Gestern in der Landschaft, 2009
Öl, Lack auf Leinwand, 90 x 162 cm

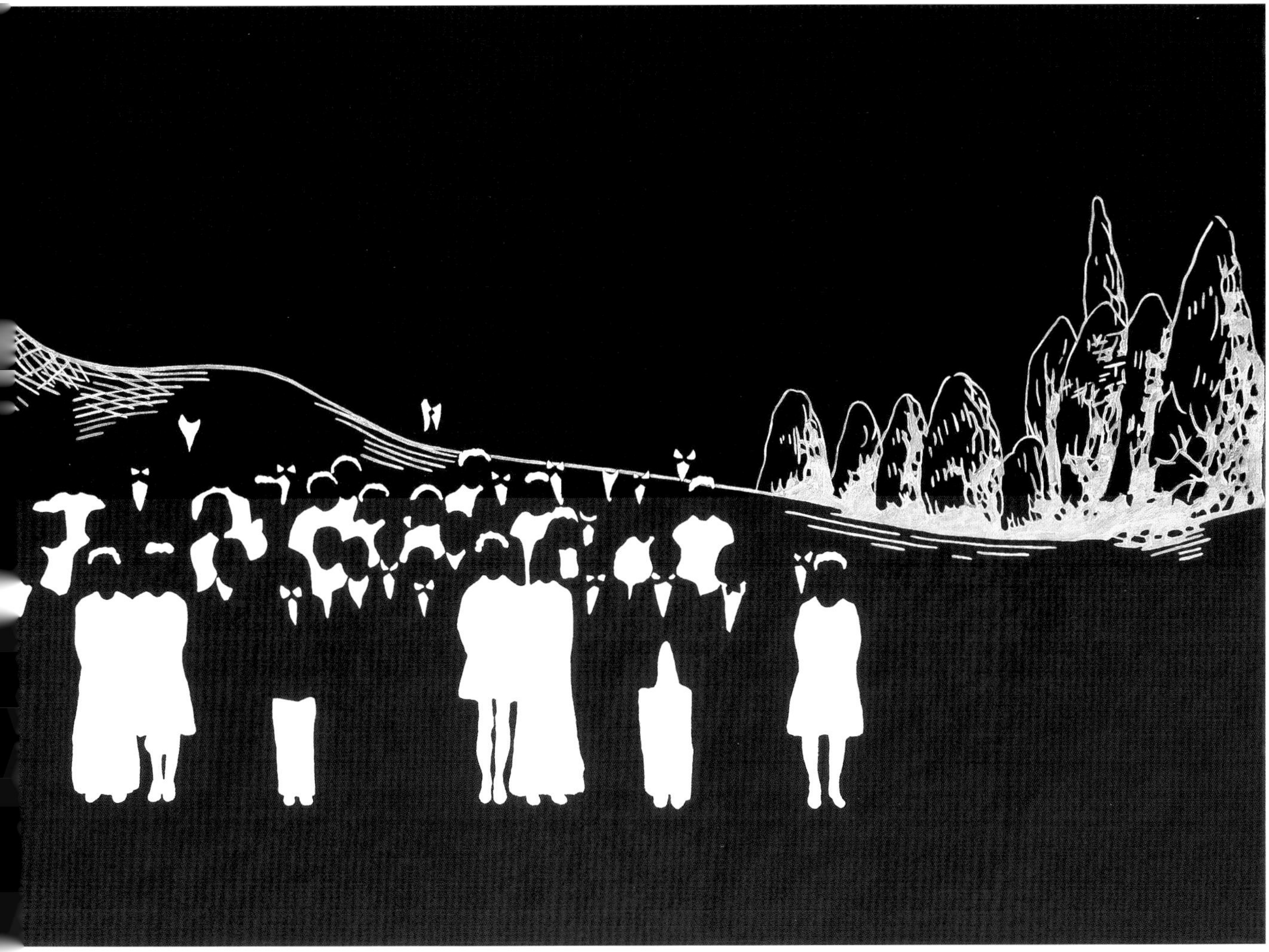

Hirsch und Hirschkühe, 2004
Öl auf Leinwand, 105 x 130 cm

29

Der Mann im Wald, 1998
Öl auf Leinwand, 106 x 194 cm

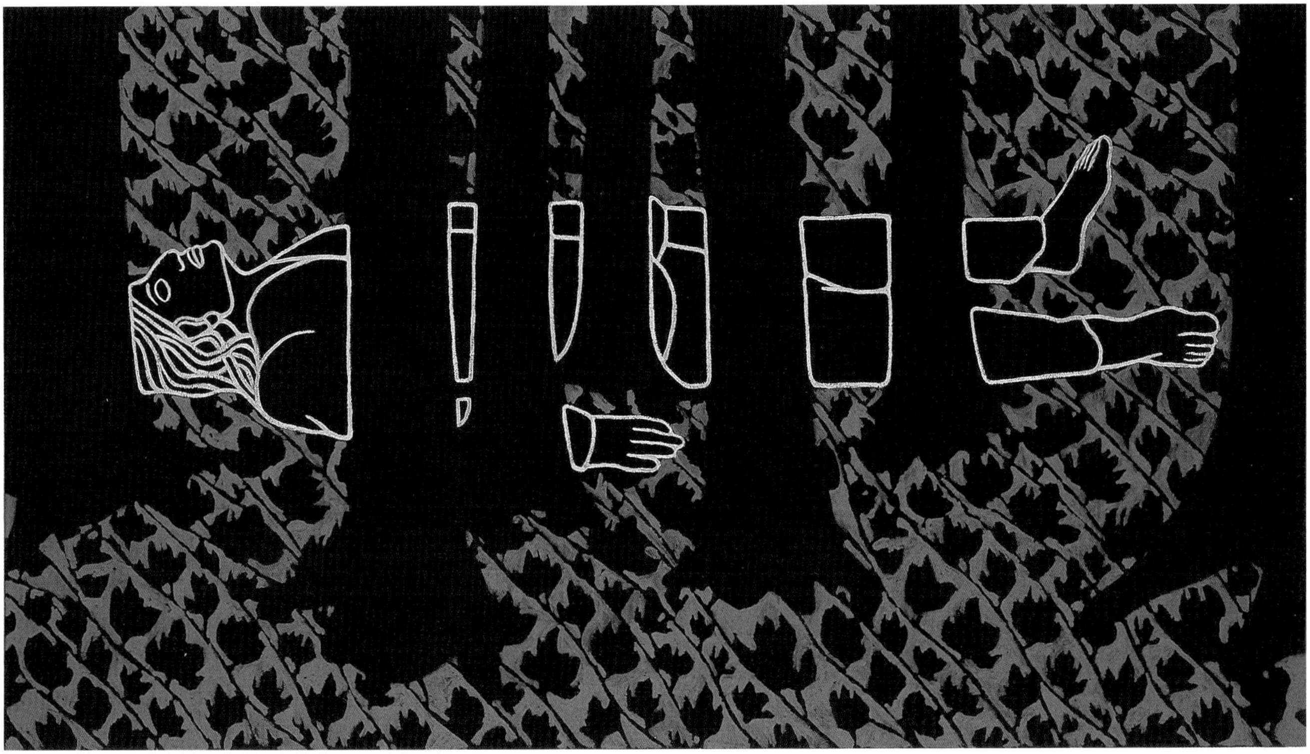

Hirsch, 2008
Öl auf Leinwand,
100 x 60 cm

Wein bei Nacht, 2008
Lack auf Holz, 88 x 18 x 20 cm

Zeit und Mond
2010, Öl, Lack
auf Leinwand,
160 x 90 cm

Der Wanderer, 2006
Öl, Lack auf Karton, 130 x 105 cm

Vorwärts, 2010
Öl auf Leinwand, 30 x 60 cm

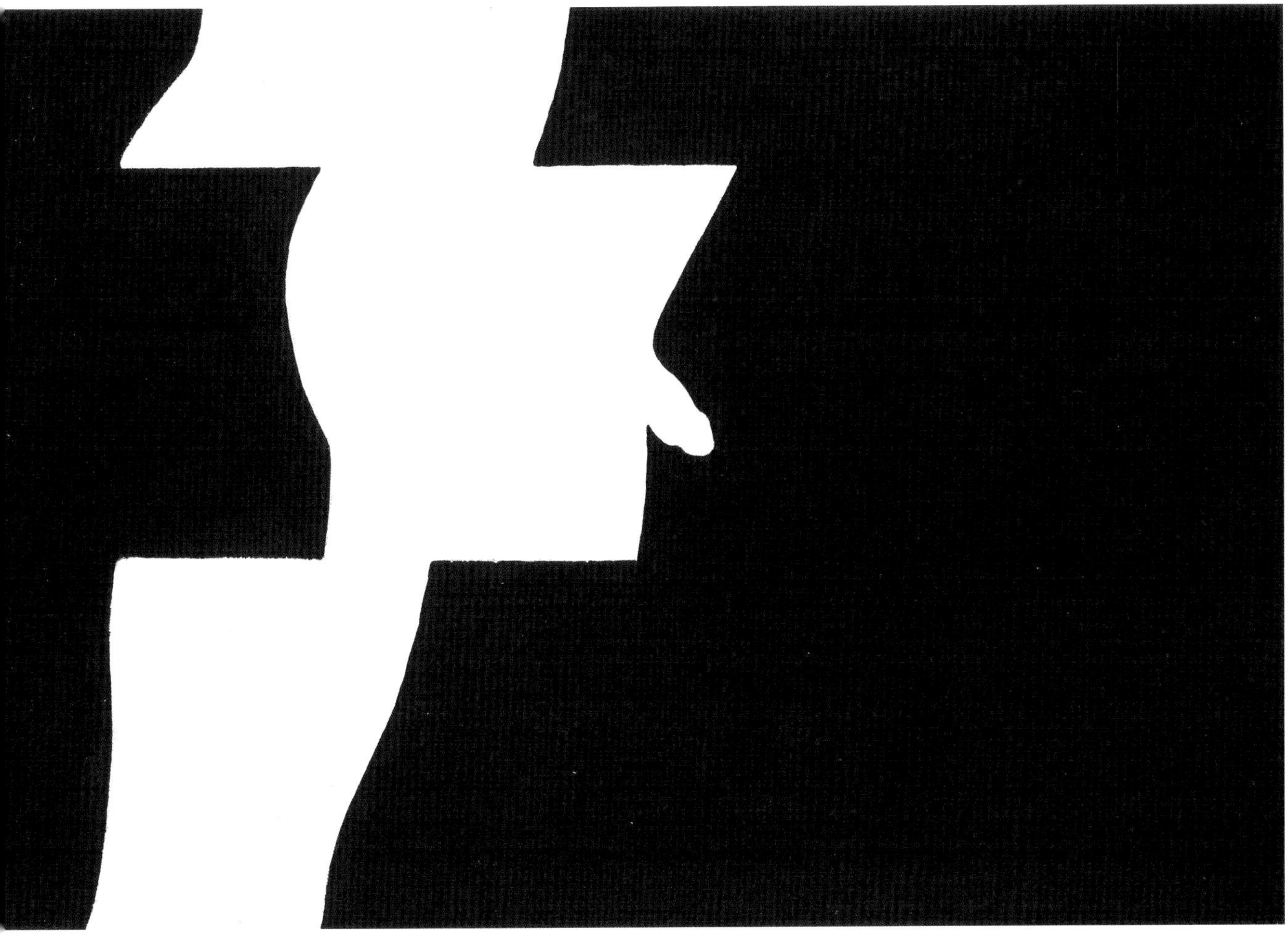

Irgendetwas hat sich ereignet, 2008
Öl auf Leinwand, 100 x 140 cm

39

Wette, 2010
Öl auf Leinwand, 100 x 140 cm

41

Boxer (Klitschko), 2009
Öl auf Leinwand, 100 x 140 cm

43

Die Küchenriege des weißen Hauses, 2010
Öl auf Leinwand, 80 x 100 cm

45

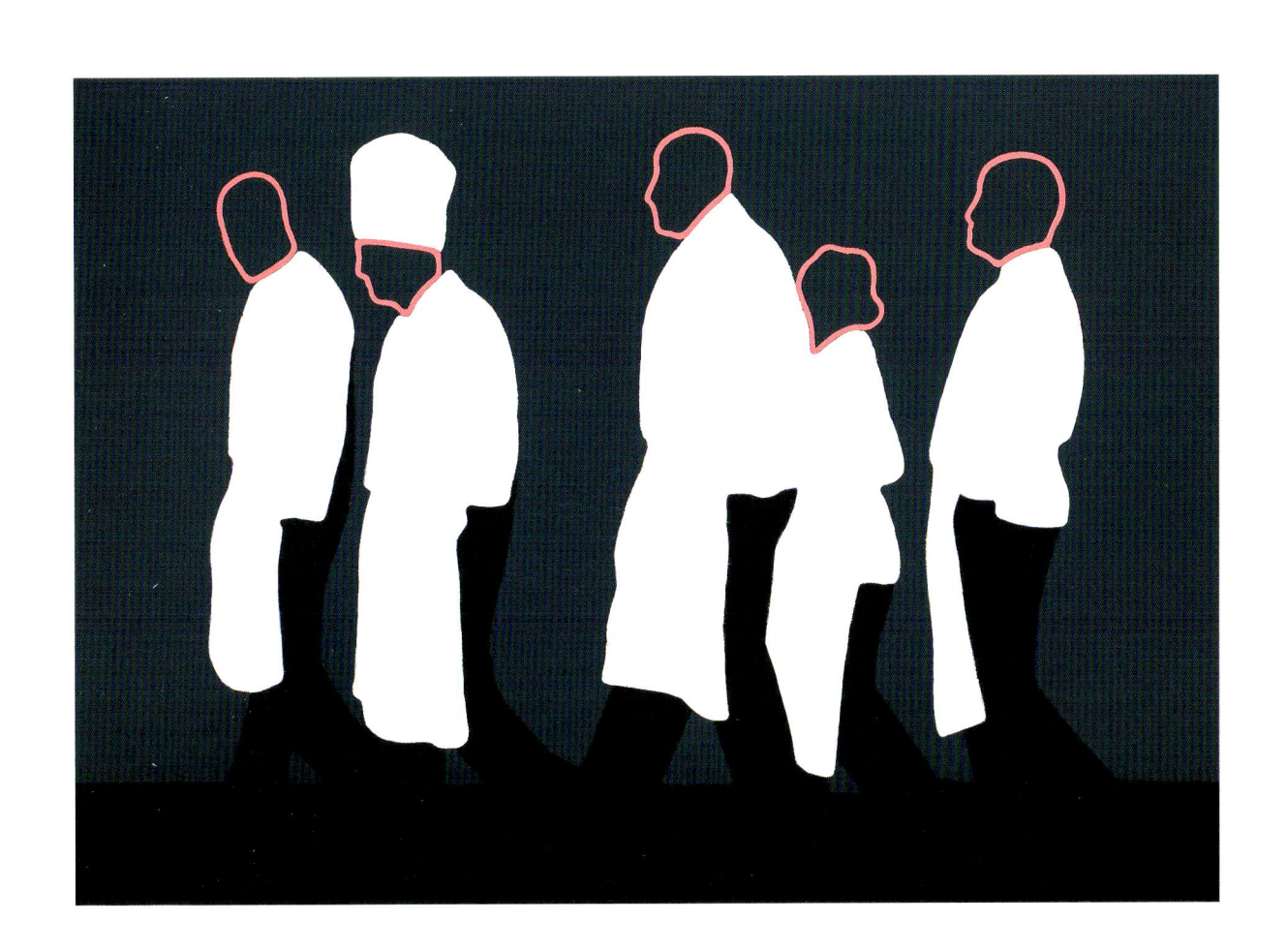

Licht wohl und
Finsternis wehe
2009, Öl auf
Leinwand,
190 x 132 cm

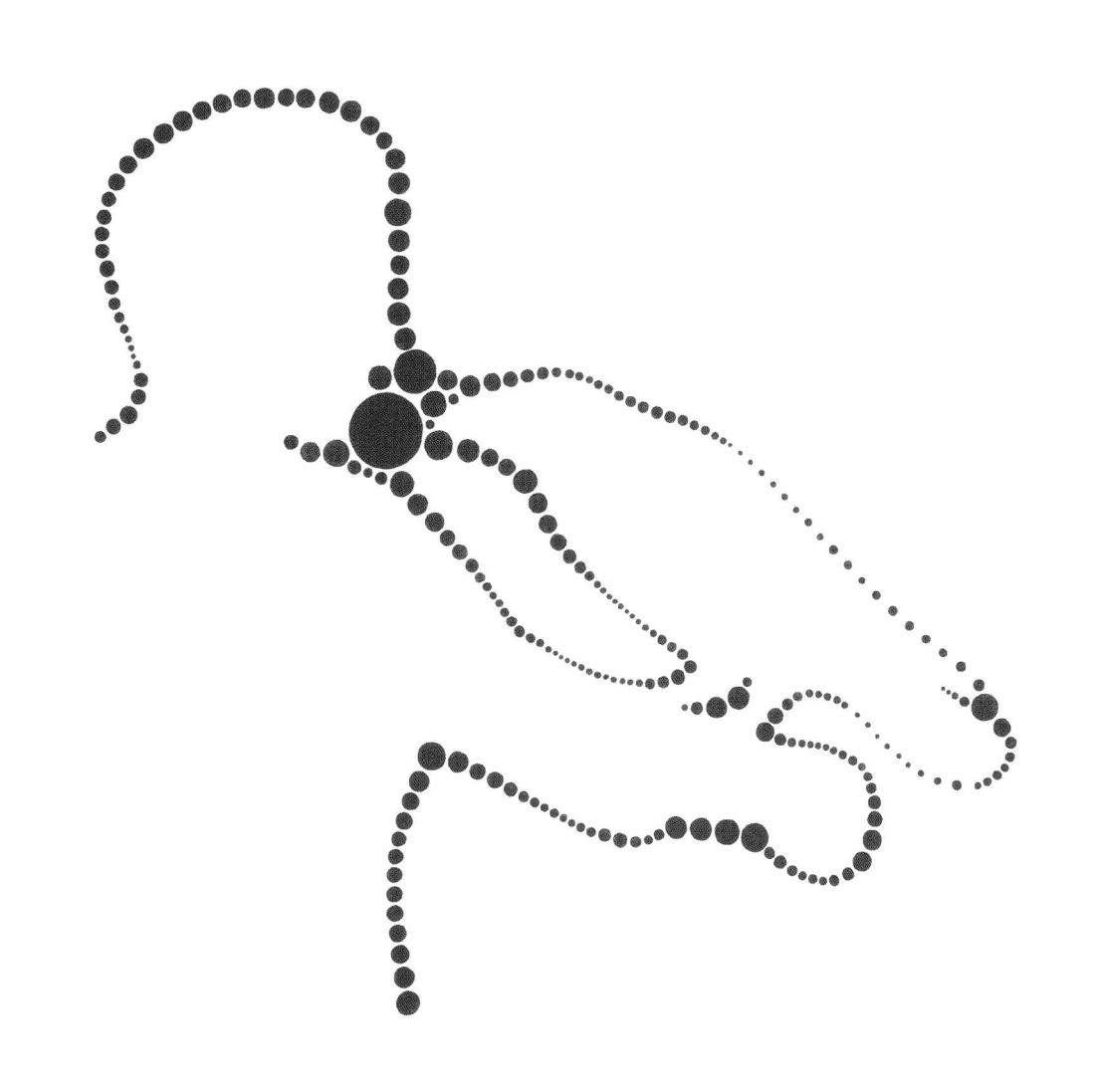

Frau mit Rabe, 2009
Öl auf Leinwand, 110 x 110 cm

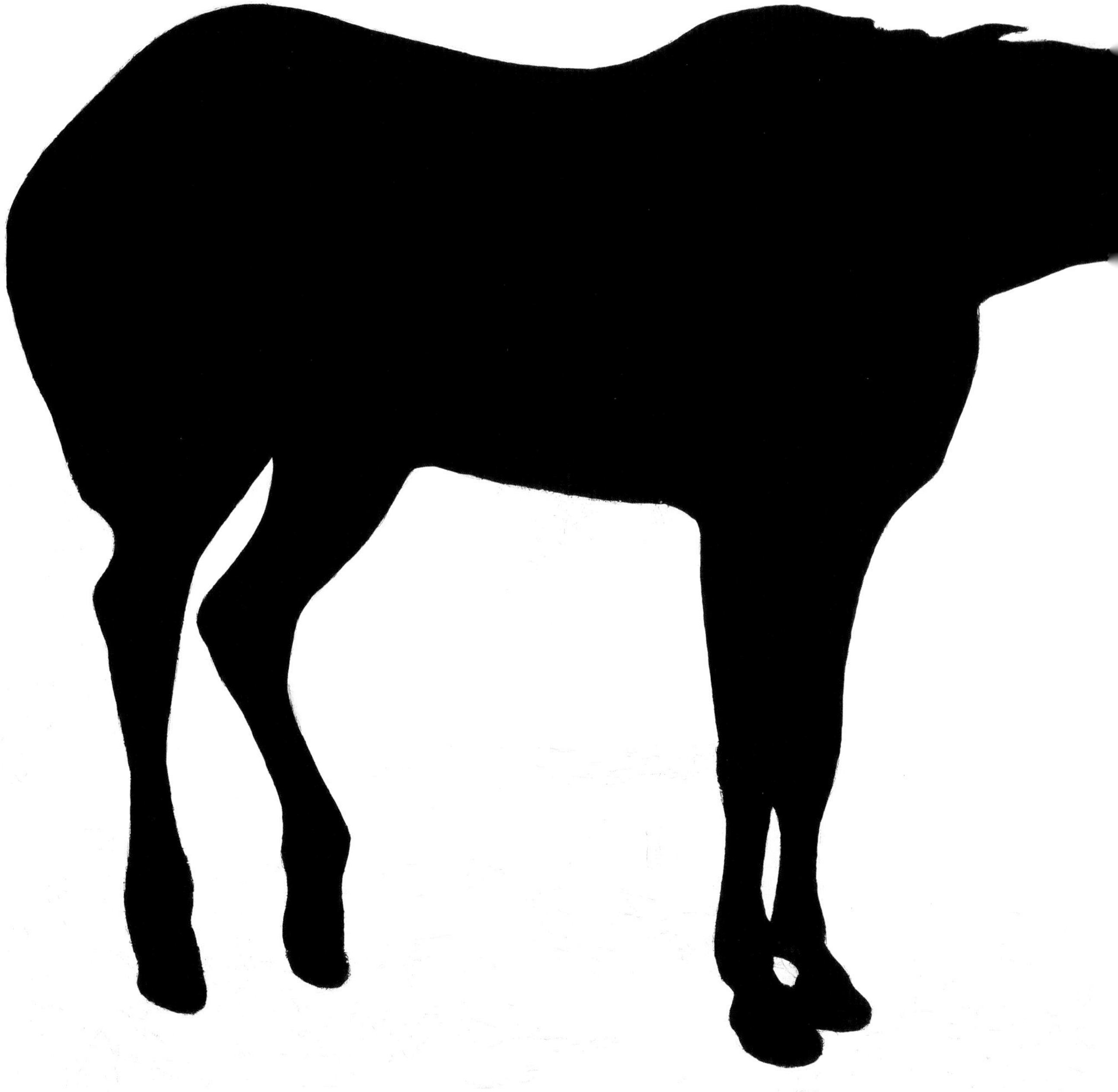

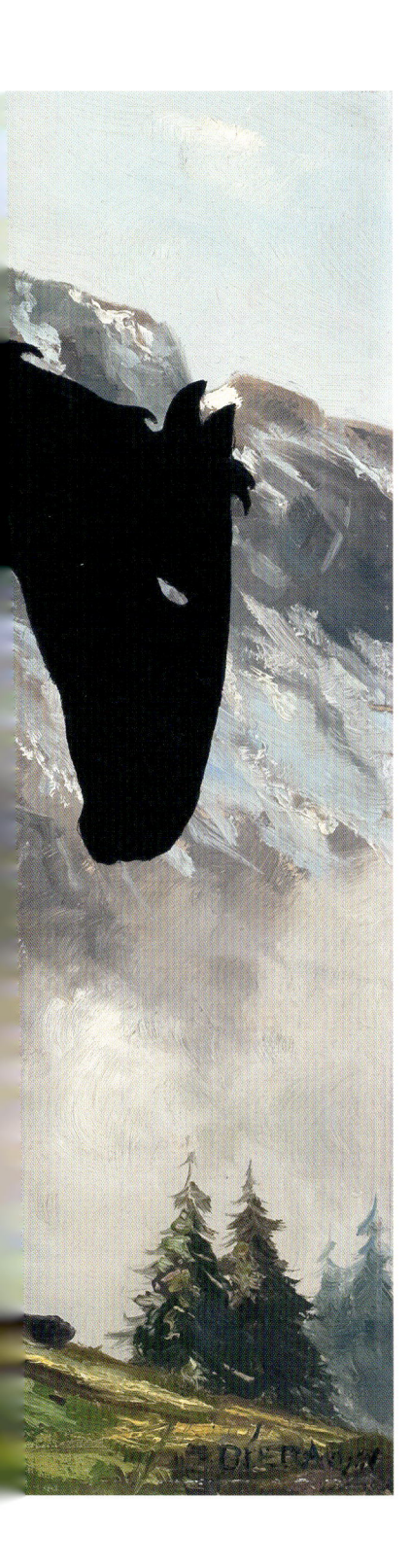

Pferd ins Tal, 2010
Öl auf Holz,
50 x 70 cm

Pferd blickt in den Wald, 2009
Öl auf Holz, 60 x 80 cm

51

Garderobe bei
Nacht, 2010
Öl auf Garderobe,
180 x 90 x 12 cm

Obskure Gesellschaft.
Im weißen Bus
mit Ari Goldmann

Das Wetter und die Kunst sind zweierlei, und dennoch war das ganze Land verschneit, die Fleete waren gefroren und weiß wie stillgelegte Straßen. Insofern war die Wirkung gesteigert, als der Künstler den schwarzen Vorhang vorzog, der längliche Raum nunmehr leuchtstoffröhrengrell und an der Stelle, wo er sonst malt – man sah das an den vom Zufall kombinierten Spuren von Ölfarbe – ein schwarzes Bild nach dem anderen präsentierte, stumpfe und glänzende und solche, die glitzerten wie Kohle, weil sie sooft übermalt worden waren.

Da, wo ich auf einem billigen Drehstuhl unter der letzten Leuchtstoffröhre saß, die anders als die anderen übrigens ultraviolettes Licht von sich gab, stand unter allerlei Dingen, die man für Material, Reste, Memorabilien oder Gerümpel halten konnte, eine vor fünfzig Jahren moderne Garderobe, so eine mit abgesteppter Kunstlederverkleidung, einem Hutrost und einem Spiegel. Das ganze Ding geschwärzt. Aus dem blinden Spiegel schaute, wie das Standfoto eines Stummfilms, das selbstbewusste Gesicht einer jüngeren Frau. Meine Überraschung war nicht gering, als Ari Goldmann, denn so hieß der Künstler, das Ding an die Stelle schaffte, wo der Zufall seine Spuren hinterlassen hatte, und es als sein jüngstes Werk präsentierte, noch oder soeben nicht mehr in Arbeit: 'Garderobe bei Nacht'. Plötzlich wurde mir klar, dass hier, im Hamburger Atelier, eine gewisse Freude an künstlich gesteigerter Furcht notwendig ist, um Goldmanns Werk zu genießen – nur genießen, nicht etwa verstehen.

Nicht alle seine Bilder basieren auf schwarzen Flächen, zum Beispiel ein heiteres, warmgraues Querformat, das einen flötenspielenden Jungen zeigt oder andeutet, nämlich mittels farbig wechselnder, aber unterbrochener Konturstriche, als Bild fertig, als Sujet Skizze. Dieses Bild, 'Der Flötenspieler', hängt im übernächsten Atelier, das ansonsten vollgestellt ist von höchst kuriosen, teils winzigen und altertümlichen Tasteninstrumenten, die einer Gruppe namens Nelly Boyd gehören. Sie proben dort eine Musik, die man aus Verlegenheit vor vielen Jahren 'minimal' getauft hat, weil sie aus wenigen Tönen besteht, die dann durch Wiederholung und Variation zu einer Art maschinellem Chor elaboriert werden, ein serielles Verfahren, das ihren

Guardia
di Finanza
2007, Öl, Lack
auf Holz,
40 x 110 cm

Urhebern Intelligenz abverlangt und sie gleichzeitig zwingt, das Gestische in der Musik zurückzunehmen.

Das habe er als Student einfach nicht begriffen, was Professoren meinten, wenn sie ihm rieten, in Serie zu arbeiten. Sagt Ari Goldmann. Es war doch schwer genug, zu einem gültigen Bild vorzudringen, und wenn es gültig war, dann brauchte man es nicht so ähnlich noch einmal. »Jetzt aber...«, sage ich, und er ruft vom anderen Ende »Natürlich!« Seine Arbeit ist seriell, inzwischen, denn sie hat Methode. Sie beruht auf der Sichtbarmachung von etwas Verborgenem.

Die Boxer, zum Beispiel: auf den schwarzen Grund hat Goldmann, das Format voll nutzend, den vollständigen Umriss der Kämpfenden in Rosa gesetzt, feingepinselt, ein Puzzlestück. Es sind, malerisch, nicht zwei Figuren, sondern es ist eine; eine Doppelbüste. Die Reduktion auf den Umriss löscht nicht nur das Individuelle der Körper und Gesichter aus, es bringt auch eine gewisse Rätselhaftigkeit der perspektivischen Verkürzung mit sich. Vor allem aber impliziert das Bild eine Behauptung, indem es die Dynamik der Gegnerschaft ignoriert und stattdessen die Boxer als miteinander verschmolzen zeigt, als Teil derselben Sache, was auch immer diese Sache sei.

Ein anderes Bild zeigt ein ähnliches Phänomen, wobei die Figur sich hier einer irregulären Symmetrie verdankt, den immer wiederkehrenden Schmetterlingen des Rorschachtests verwandt. Die Figur birgt eine weitere, kleinere Figur in ihrer Mitte, ein Embryo im Leib des Ungeheuers. Es handelt sich um Goldmanns Studie eines Pressefotos, das bei einer Rekrutenvereidigung gemacht wurde. Eine Demonstrantin wird von Soldaten davongetragen. Mehr nicht.

Durch seine Titel gibt der Maler mal mehr, mal weniger Auskunft über die Szene, auf die er sich bezieht. Dabei folgt er der modern-klassischen Strategien nicht, was den Umgang mit Fotografie betrifft, nämlich die Logik des fotografischen Bildraums in eine 'präzisere' oder 'sanftere' Logik des Malerischen zu übersetzen. Eher gehört er, in zweiter oder dritter Generation, zu den Urskeptikern, die in fotografischen Bildern – vor allem in gedruckten – Dinge entdecken, die

Guardia
di Finanza
2004, Öl, Lack
auf Holz,
100 x 140 cm

jenseits der dokumentarischen Wurzel des fotografischen Bildes codiert sind. Das Ziel des Verfahrens hat der amerikanische Maler Alex Katz formuliert: »Ich mag es, ein Bild zu machen, das so einfach ist, das man ihm nicht ausweichen kann, und so kompliziert, dass man es nicht verstehen kann.« Das ist Goldmanns Motto, es hängt an seiner Pinwand im Atelier. In obskurer Gesellschaft. Aber da wage ich jetzt noch nicht hinzusehen.

In der Tat führt Ari Goldmanns Verknappung der Form in eine verzwickte Komplexität der Anschauung. Von Interesse ist auf jeden Fall, dass er – anders als viele andere Künstler – sich nicht läppischer Fotografien bedient und sich über Fotografie auch nicht lustig macht. Im Gegenteil, er benutzt gute Fotografien, wie das Gruppenbild deutscher Professoren in Talaren, das er in einer Retro-Geschichte des 'Spiegel' zum Jahr 1968 gefunden hat. Keine Frage, dass der Fotograf die Überlappung der Figuren in der Aufsicht bemerkt und gewollt hat. Darin steckt eine ikonische Verbindung zur Malerei der Renaissance. Goldmann aber isoliert die Köpfe im schwarzen Feld, stellt die weißen Krägen aus wie Himmelskörper in Bewegung, verknüpft sie dort, wo sie in der Fotografie sich überlappen und staunt dann, was 'die dumme Linie', die er zu Anwendung bringt, hergibt.

Dass er in Bildquellen nach Metaphern der Eindeutigkeit stöbert, ist insofern nicht wunderlich, als die Wirklichkeit für ihn erst recht ein Rätsel ist. Vor seiner Tür, als er aufwuchs, saßen immer zwei fette Ringeltauben in den Ästen. Und in Hamburg ist es genauso. »Es können ja, nach all der Zeit, nicht dieselben sein. Oder doch? Sollte ich meine Mutter anrufen und fragen, ob die Tauben in Wiesbaden noch sitzen? Und wenn es so wäre, was würde das bedeuten?«

Vielleicht muss man sich den Pinsel dieses Malers als Filetiermesser vorstellen: der Akt der Trennung verläuft zwischen Klischee und Wirklichkeit, Bildhaftigkeit und Wörtlichkeit. Deshalb wandern die Bildtitel in die Bilder hinein und wieder heraus. Ein schäbiger Fiat, zum Beispiel, auf dem 'Guardia di Finanza' steht; in einer Variante löst sich der italienische Amtsname vom Objekt und erscheint (immer noch im Bild aber) darunter, das Auto nun nackt, noch schäbiger.

Der Heimerisen Altar, 2010
Collage, 55 x 65 cm

Der weisse Bus
2000, Öl, Lack
auf Leinwand,
115 x 199 cm

Ein Panda ohne Räder. Dasselbe gilt für die gotisierte Aufschrift 'Der weisse Bus', die einmal zum Objekt gehört, dann wieder nicht. Aber selbst als Beschriftung des klassischen VW-Busses in Seitenansicht wird das Ding nicht identisch mit seinem Namen, weil der Bus nicht weiß, sondern nahezu schwarz ist: Eine 'deutsche Schrift', die sich eines international geliebten Hippievehikels bemächtigt, es quasi aus der Mentalitätsgeschichte angelt und in eine gothic novel exemplarischen Deutschtums verschiebt. In einem älteren Katalog finde ich die Deutung Alexander Rischers. Er bezeichnet den dunkel funkelnden Bus als 'Quecksilbertriumphwagen', ein 'Perpetuum Mobile'. Es »vermag an die Tradition anzuknüpfen, Elemente und Vorgänge der Alchemie in Symbolrätseln zu verbildlichen und zu überhöhen. Der weiße, ein schwarzer Bus, ist zudem Sinnbild dafür, dass wir alle, omnibus, sterben müssen.«

Inzwischen habe ich in Erfahrung gebracht, dass die letzte, die ultraviolette Leuchtstoffröhre vom Künstler aus Versehen installiert wurde. Ihr ursprüngliches Einsatzgebiet ist der Wintergarten. Unwillkürlich betastete ich mein kahler werdendes Haupt, um zu prüfen, ob mir Haare nachgewachsen sind.

Als Kind hatte ich einst meinem Teddybär, ganz vorsichtig, die Haare um die Augen gestutzt, und sah dann ganz ruhig dabei zu, wie sie nachwuchsen. Das Zimmer, in dem der Teddy und ich zu Hause waren, sah hinaus auf einen Garten, dessen Trennlinie zum Nachbarsgarten nur als Trampelpfad bestand. Ein regelmäßig wiederkehrender Traum ließ aus der Tiefe des doppelten Gartens einen weißen VW-Käfer erscheinen, der sich zwischen den Grundstücken auf die Straße zu bewegte, unser Zimmer passierend, wobei die Scheiben spiegelten, sodass man Insassen nicht erkennen konnte. Der 'Käfer' war wie der Bus bei Ari Goldmann unbemannt. Sigmund Freud erkannte das Unheimliche als »Zweifel an der Beseelung eines anscheinend lebendigen Wesens und umgekehrt darüber, ob ein lebloser Gegenstand nicht etwa beseelt sei.«

Inzwischen ist der schwarze Vorhang wieder offen und die grellen Lichter sind gelöscht. Ich wundere mich über Ari Goldmann, der auch schon über vierzig sein muss, und sich das

Gesicht eines gewitzten Buben erhalten hat. Er wiederum wundert sich über meine Frage, ob er einst Ministrant gewesen sei, was er bejaht.

Ein Atelierbesuch ist eine merkwürdige Sache, gewissermaßen von einer Ausstellung das Gegenteil. All diese Bildchen und Objekte, vieles davon schwerreligiös. Kunstgeschichte, wenn man so will. Lieblingsdinge und Antilieblingsdinge in prekärer Umarmung. Der Künstler muss sie trennen. Ich zaudere, schwanke zwischen Neugier und Tabu. Von wegen obskure Gesellschaft: Es gibt da im Eingang dieses Schlauchateliers ein Hitlerbild. Jetzt, wo ich am Gehen bin, betrachte ich es zum ersten Mal. Es zeigt einen Mann in kurzen Hosen, die Hände in die aufgequollenen Hüften gestemmt. Im schwarzweißen Bild ist an der Stelle seines Hemdes, an der man das Hakenkreuz vermuten würde, eine gelbe Sonnenblumenblüte angebracht: Adolf Hitler als Lebensreformer, warum eigentlich nicht?

So kommen wir ins Spekulieren, ob die Geschichte auch anders hätte verlaufen können. Oder wie. Das können wir natürlich nicht ewig betreiben, weil ich meinen Kopf freiräumen muss für den Text. Ich muss hier dringend raus. Ich fahre Omnibus, und fotografiere, was man durch die Scheiben sieht, um nach innen zu schauen. Die Alster ist noch zugefroren, aber kein Mensch mehr drauf zu sehen. Es wäre der sichere Tod.

Ulf Erdmann Ziegler

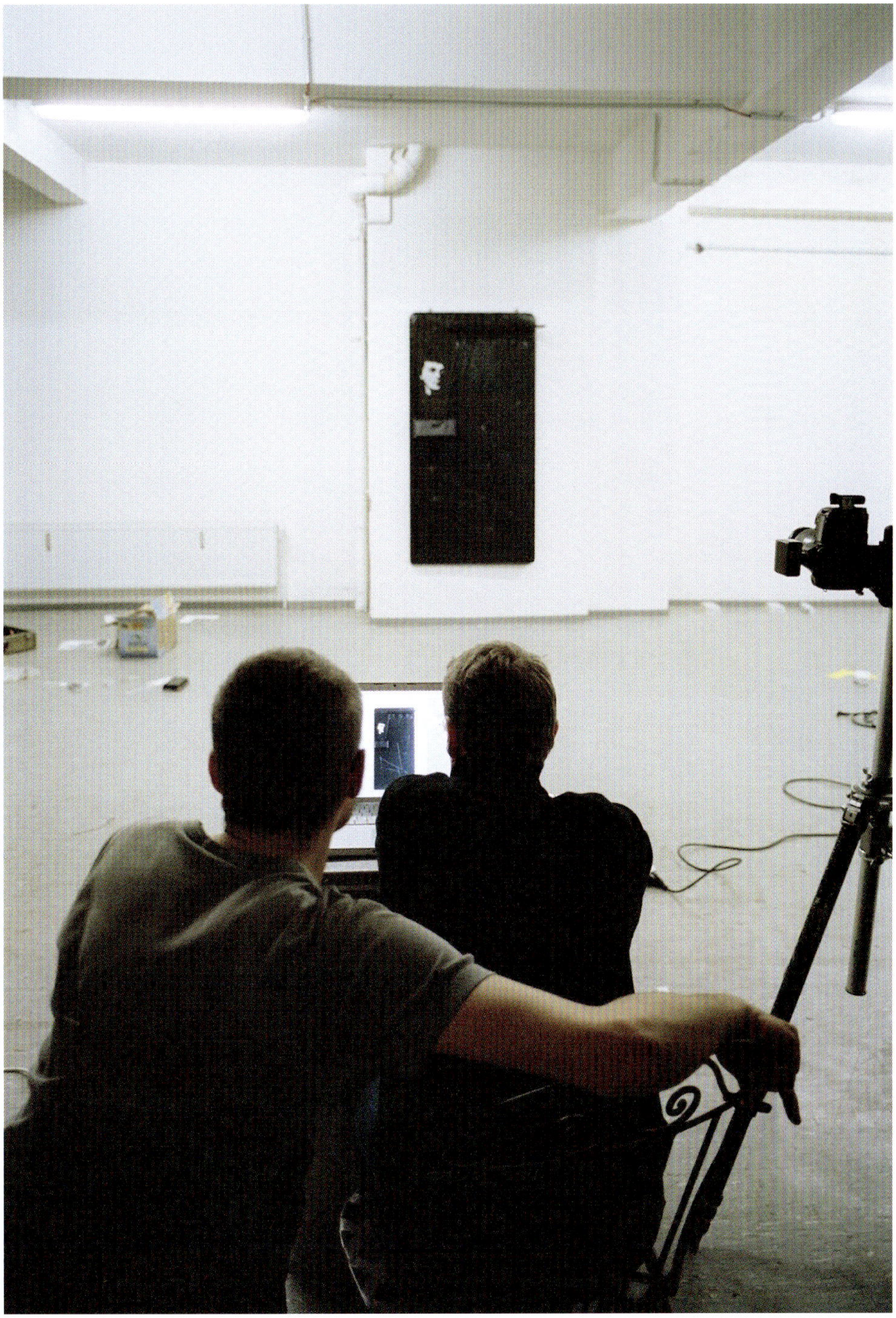

Zeit und Gänse, 2009
Öl auf Leinwand, 100 x 120 cm

Ari Goldmann

1968 geboren in Wiesbaden
1991 - 1994 Studium der Malerei bei Prof. Friedemann Hahn an der Akademie für Bildende Künste Mainz
1991 - 1995 Studium der Politologie an der Johannes Gutenberg-Universität Mainz
1994 - 1997 Studium der Freien Kunst bei Prof. K.P. Brehmer und Prof. Henning Christiansen an der Hochschule für bildende Künste Hamburg (Diplom)
1997 - 1999 Aufbaustudium bei Prof. Olav Christopher Jenssen
2000 Kulturaustausch Südafrika
2007 Stipendiat des Else Heiliger-Fonds der Konrad Adenauer-Stiftung Berlin
2008 Arbeitsstipendium für bildende Kunst der Stadt Hamburg

Einzelausstellungen
Auswahl

2008 'Bremslichter der Erkenntnis',
Galerie Lena Brüning, Berlin

2007 'Licht Wohl und Finsternis Wehe',
Kunstverein Bellevue-Saal, Wiesbaden
(Mit Ulli Böhmelmann, Köln)
'Ein Hauch von Zweifel',
Foyer für junge Kunst, Harburg

2006 'Lost in Sense',
Galerie Winter, Wiesbaden

2005 'Irgendetwas hat sich ereignet',
Werkmotiv, Berlin (Katalog)

2003 'Lektionen des Lebens',
Ausstellungsraum Taubenstraße,
Hamburg

2001 'Was früher war ist heute heute',
Westwerk, Hamburg
'The Popeshow',
Galerie xy, Hamburg (Katalog)

2000 'Mein Schrecken',
Museum Lüdenscheid (Katalog)
'No Time No Place',
Eisenlohr and Goodman, Johannesburg,
Südafrika

Gruppenausstellungen
Auswahl

2010 'Da Hood',
Gängeviertel, Hamburg
'Holz', Kunstverein Linda, Hamburg

2009 'Ungereimtheiten höherer Ordnung',
Kunsthaus, Hamburg (Katalog)

2008 'Wir nennen es Hamburg',
Kunstverein, Hamburg (Katalog)
'German light',
Frank Ruthman, New York, USA

2007 'Stipendiaten des Else-Heiliger-Fonds',
Konrad-Adenauer-Stiftung, Berlin

2006 'Blackpool',
KX, Hamburg
'Globalkolorit',
Galerie 14 Dioptrien, Hamburg

2003 'In Memoriam Bob Ross',
Kunstverein, Konstanz (Katalog)
'Selbst',
Kunstverein, Marburg (Katalog)

2002 'Der Berg',
Kunstverein, Heidelberg (Katalog)
'Target',
im UNO-Hauptquartier, New York, USA

'Erforschung des Horizonts',
St.Petri Kunst Lübeck & Kunsthalle,
Göppingen (Katalog)

2001 'Korrespondenzen: Hans Thoma,
Otto Dix oder Ari Goldmann',
Städtische Galerie, Villingen-Schwenningen

2000 'Genre Painting',
Galerie G7, Berlin
'arte nueva en berlin',
org, Madrid, Spanien (Katalog)

Zeit und Schwäne, 2008
Öl auf Leinwand, 80 x 120 cm

Impressum

Ari Goldmann – Stehende Wellen

Städtische Galerie Villingen-Schwenningen
Friedrich-Ebert-Straße 35
78054 Villingen-Schwenningen
Herausgeber: Wendelin Renn,
Städtische Galerie Villingen-Schwenningen
Ausstellung und Katalog:
Ari Goldmann, Wendelin Renn
Organisatorische Mitarbeit: Damaris Dymke
Gestaltung: Lody van Vlodrop
Fotografie: Seite 33: Hening Moser
Seiten 2 und 59: Anton Seidel, Hamburg
Repro-Fotografie: Steffen Reichel, Hamburg
Bildbearbeitung: Horst W Kurschat
Druck: Todt Druck+Medien GmbH+Co.KG
Abbildung Umschlag (Ausschnitt):
Die erste heilige Kommunikation, 2009
Öl, Lack auf Leinwand, 110 x 160 cm

Der Katalog erscheint zur Ausstellung
3. Oktober bis 12. Dezember 2010
Amalia Theodorakopoulos, Ari Goldmann:
MALEREI
© 2010 Verlag Stadt Villingen-Schwenningen
und Autoren: ISBN 978-3-939423-25-6

BIEDERMANN MOTECH

.hess

Sparkasse Schwarzwald-Baar

STÄDTISCHE GALERIE
Villingen-Schwenningen